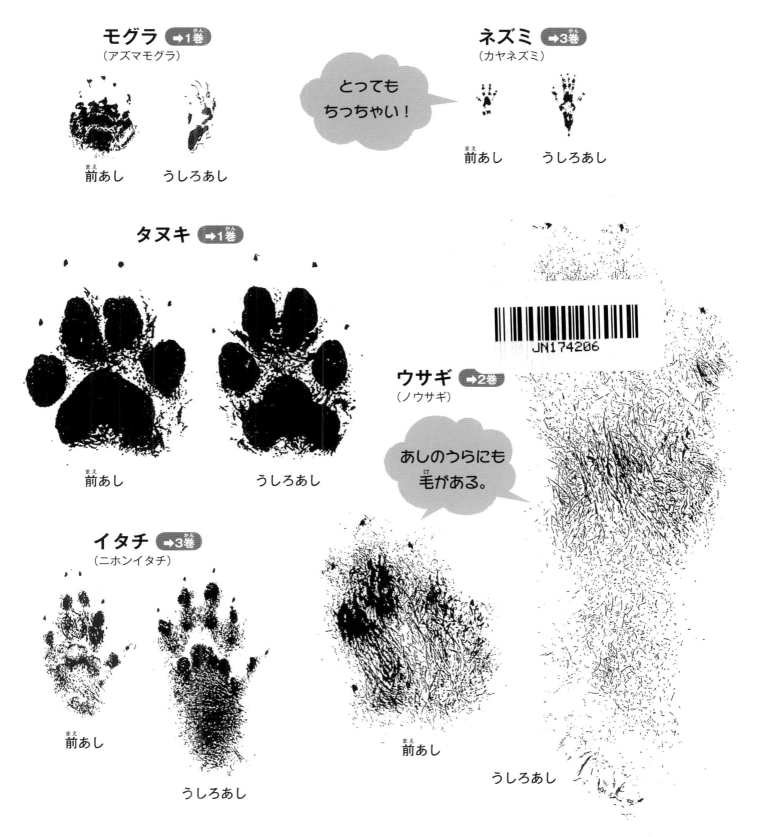

クイズでさがそう！
生きものたちのわすれもの
② 森

監修／小宮輝之
（上野動物園元園長）
編／こどもくらぶ

はじめに

右の写真は、東京のある保育園の前の道路にペンキでえがかれたあしあとの絵です。
「これなあに？」
「ネコさんのあしあとよ」
「おうちにかえったのかな」
「ほら、指がこっち向いているでしょ。出てきたのよ」
子どもたちと先生の会話が聞こえてきそうです。

右の写真は、どんな生きもののあしあとでしょう。
ネコではありませんよ。ある野生の生きもののあしあとです。
あしあとがついた場所は、道路の横にあるみぞ。
じつはこの道路も東京にあります（→1巻5ページ）。東京のような
大都会にも、いろいろな生きものたちがくらしているのです。
野生の生きものたちは、人間のいるところには
なかなか出てきません。夜しか動かない生きものも多く、
すがたはあまり見られません。
でも、そうした生きものたちがのこしていったものを
発見することはよくあります。

このシリーズ「生きものたちのわすれもの」は、あしあとや食べのこし、
うんちなど、いろいろな生きものがのこしていったものを見て、
どんな生きものがのこしていったのかを、たんけんする本です。
つぎの3巻で構成しています。

❶まち　❷森　❸水辺

「わすれものをしたわすれんぼうは、だれかな？」「どんなすがたをしているのかな？」
想像するだけで、わくわくします。
さあ、みんなでたのしく、「わすれもの」と「わすれんぼう」をさがしにいきましょう。

※ この本でいう「わすれもの」とは、あしあとや食べのこし、うんちのほか、巣やたまごなど、その生きものがいた証拠となるもの全般をさします。

この本のつかいかた

この本では、生きものたちがのこした「わすれもの」をクイズ形式でしょうかいします。
クイズはQ1〜Q6までの6つ。どのクイズからちょうせんしてもかまいませんよ。

問題のページ

めくると

答えと解説のページ

写真が「わすれもの」に関するクイズになっている。

クイズのヒント。
答えの解説。

クイズの答え。

生きもののあしのうらにすみをつけて、紙にうつしとった「あしたく」。指の形や、前後のあしのちがいなどがわかる。

本文より少し発展した内容の関連情報。

ほかの生きものとの比較。

「わすれもの」をのこした「わすれんぼう」（生きもののすがた）。

答えとなる生きものの、基本的な情報。

この生きものがのこす、いろいろな「わすれもの」や、生きものについての情報。

いろいろ情報

さらにくわしい知識や、おもしろい「わすれもの」をしょうかい。

資料編

「わすれもの」について調べる上で役に立つ情報を掲載。

3

もくじ

Q1 これはウサギのあしあと。どっちへ進んだ？ 5ページ

Q2 これはリスが食べたあとの「わすれもの」。なにを食べたのかな？ 9ページ

Q3 これはなんだろう？ 13ページ

Q4 これはイノシシの「わすれもの」。なにをしていたのかな？ 17ページ

Q5 木の上に「わすれもの」をしたのは、だれかな？ 21ページ

Q6 これはなんだろう？ 25ページ

森の生きものいろいろ情報

- あしあとから想像してみよう……8
- いろいろな食べあと……12
- 巣あなからわかること……16
- ひづめのある生きものの「わすれもの」……20
- 冬眠する生きもの……24
- 森で見つかる鳥の「わすれもの」……28
- 資料編　「わすれもの」をさがしにいくとき……30
- さくいん……31

Q1

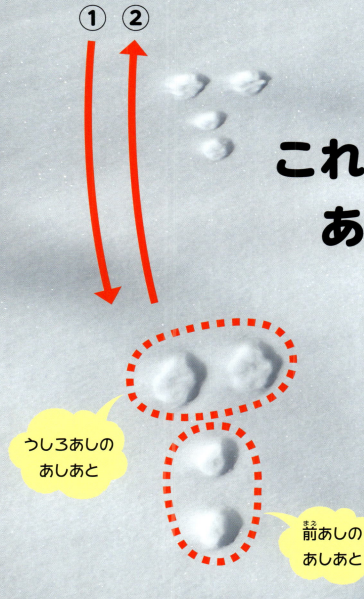

うしろあしの
あしあと

前あしの
あしあと

これはウサギの
あしあと。
どっちへ
進んだ？
①おくから手前
②手前からおく

A ②手前からおく

うしろあしが前につく

ウサギは、下の写真①のように、前あしをついた場所よりも前の位置にうしろあしをつき、歩いたり走ったりします。そのため、うしろあしのあしあとがあるほうが、進行方向です（写真②）。ウサギのあしあとは、スキー場など、人間が行き来する場所の近くでも、比較的よく見つかります。

ウサギの食べあと

ウサギはおもに草を食べますが、歯がするどいため、食べたあとの草は、スパッとまっすぐ切れています。根もとからかみきられているのも、ウサギの食べあとの特徴です。

ウサギは、前あしでものをつかむことができないので、口で直接葉をかみきって食べる。

ウサギが食べた草の切り口。

くらべてみよう！ シカとカモシカの食べあと

シカとカモシカ（→20ページ）も、植物の葉を食べるが、ウサギとちがい、食べあとはギザギザになる。これは、シカとカモシカには、前歯が下あごにしかないから。上あごのかたい歯ぐきと、下あごの前歯で草をはさみ、ちぎるようにして食べるので、葉の切り口がギザギザになる。

ササの葉をシカが食べたあと。

ウサギのうんち

ウサギは、丸くてコロコロしたうんちを一度に何個もします。また、丸いうんちとは別に、黒いねっとりしたうんちもします。これには、植物から直接得ることができない栄養がふくまれていて、ウサギが自分で食べてしまいます。

うんちには、食べた草などのせんいがたくさんふくまれている。

黒いうんち。

ウサギってこんな生きもの

- 分類 ほ乳類
- 食べもの 草、木の芽、木の皮など
- すむ場所 草原や森林
- 行動 夜行性

※森にすむのはノウサギという種類。左の写真もノウサギ。

あしあとから想像してみよう

あしあとから、だれが、なにをしていたのか、わかることがあります。写真を見て、クイズに答えましょう。

Q1 これはウサギのあしあと。赤い点線でかこんだところでは、なにをしていたのかな？

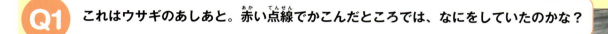

雪のなかから木のえだが見えているね。

Q2 2つのあしあとはウサギとキツネ。2ひきはおなじ時間にここを通った。○か×か？

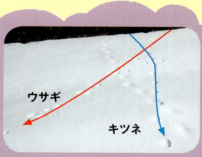

赤い線がウサギのあしあと。青い線がキツネのあしあと。キツネはウサギをえさにすることもあるよ。

A1 雪をほって、食べものをさがしていた。やぶれた木の皮を食べることもある。

A2 ×。おなじ時間におなじ場所にいれば、ウサギはキツネにたべられてしまうので、2つあしあとは5~6時間にここを通ったとかんがえられる。

A ① まつぼっくり

種だけを食べている

リスはまつぼっくりの「りんぺん」とよばれるかさの部分を歯ではがし、しんの近くにある種だけを食べます。りんぺんが全部はがされ、しんだけがのこったまつぼっくりは、まるで「森のエビフライ」！「エビフライ」は、ドングリなどのほかのえさが少ない冬場によく見つかります。

まつぼっくりはりんぺんでおおわれていて、りんぺんとりんぺんのあいだに種がある。

くらべてみよう！ モモンガの「エビフライ」

モモンガは、リスのなかまで、夜行性の生きもの。リスより体が小さく、まつぼっくりよりも小さなスギの実などをこのんで食べる。モモンガがスギの実を食べたあとも、エビフライににている。

モモンガが食べたスギの実。

モモンガ

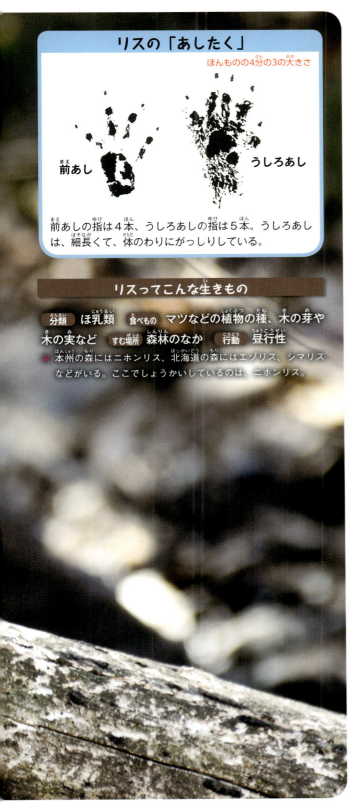

リスの「あしたく」
ほんものの4分の3の大きさ

前あし　うしろあし

前あしの指は4本、うしろあしの指は5本。うしろあしは、細長くて、体のわりにがっしりしている。

リスってこんな生きもの
分類 ほ乳類　食べもの マツなどの植物の種、木の芽や木の実など　すむ場所 森林のなか　行動 昼行性

※本州の森にはニホンリス、北海道の森にはエゾリス、シマリスなどがいる。ここでしょうかいしているのは、ニホンリス。

リスの巣
　リスは木のえだを集めて、木の上にサッカーボールほどの大きさの巣をつくります。木のみきにできたあなを利用することもあります。リスは巣のなかにやわらかい木の皮やコケをしきつめ、いごこちよくしています。

木のえだでつくられたリスの巣。

リスのあしあと
　リスは、おもに木の上で生活しますが、地面を移動することもあります。ウサギとおなじで、前あしのあしあとより前に、うしろあしのあしあとがつきます。あしあとは雪の上でよく見つかります。

雪の上についたリスのあしあと。

進んだ方向

うしろあしのあしあと

前あしのあしあと

いろいろな食べあと

リスとおなじネズミのなかまが、いろいろなものを食べたあとを見てみましょう。

ネズミ

ネズミは、クルミやクリなど、からがかたいものも、するどい歯であなをあけ、中身を前あしでかきだして食べる。

ネズミが食べたクルミ。

ネズミが食べたクリ。

リス

リスはネズミより体が大きく、歯も大きいので、クルミのあわせ目を歯でけずり、なかに歯をさしこんで2つにわって食べる。

リスが食べたクルミ。

モモンガ、ムササビ

モモンガやムササビは、葉を2つに折って食べるため、葉がU字形にのこったり、葉に丸くあながあいたりする。

モモンガが食べたあとの葉。

丸いあながあいている、ムササビが食べた葉。

A ② うんち

石ころのようなキツネのうんち

13ページの「わすれもの」は、キツネのうんち。キツネはアケビなどの果実も食べますが、ネズミなどの小動物が好物です。白っぽくて石ころのようなうんちは、食べた生きものの骨にふくまれるカルシウムがかたまったもの。うんちはいつも白っぽいわけではなく、生きものの毛や、虫のざんがいが入っているなど、食べたものによってさまざまです。

⚠️ キツネのうんちには、エキノコックス症という病気の原因となる寄生虫がいる可能性があるので、さわってはいけない。

ウサギの毛がたくさん入ったキツネのうんち。

目立つところにうんち！

キツネは、高いところやひらけたところなど、わざと目立つ場所にうんちをする習性がある。これは、自分の存在をほかのキツネに知らせ、なわばりを主張するためといわれている。テン（→右ページ）やイタチもこうした習性がある。

わざと目立つところにのこされたキツネのうんち。

キツネってこんな生きもの

分類	ほ乳類	食べもの	小動物や鳥、昆虫、果実など
すむ場所	森林、林の近くの野原など	行動	夜行性

キツネのあしあと

キツネのあしあとは、イヌのあしあとににていますが、キツネは前あしのあしあとの上にうしろあしを重ねて歩きます。あしあとはほぼ一直線です。雪の上だけでなく、しめった土の上などでも見つかります。

雪の上についたキツネのあしあと。あしの指が向いているほうが進行方向。

進んだ方向

キツネが鳥をおそったあと

地面に鳥の羽がたくさん散らばっていたら、キツネが鳥をおそったあとかもしれません（テンの可能性もある）。キツネやテンは、鳥の羽をかじりとってむしるので、じくにギザギザのかじりあとがつきます。タカなどの肉食の鳥がほかの鳥をおそうこともありますが、羽をくちばしで引きぬくので、じくをかじったあとはありません。

テンは森にすむ、木のぼりが得意な生きもの。鳥やネズミのほか、木の実もよく食べる。

タカ。地面にちらばっているのが食べた鳥の羽。

じく

キツネが鳥をおそったあと。

巣あなからわかること

キツネは、土をほって巣あなをつくります。おなじように巣あなをほる生きものに、アナグマがいます。巣あなのちがいを見てみましょう。

アナグマの巣あな

アナグマは、じょうぶなつめがある前あしで土をほり、地中に長いトンネルといくつもの部屋をつくる。ひんぱんに土をほって、巣あなのそとにかきだすため、アナグマの巣あなは、出入口に大量の土がほりだされている。

土をかきだすのに適した前あし。

アナグマ

キツネの巣あな

キツネの巣あなは、出入口の地面がたいらになっているのが特徴。キツネは巣あなのなかをあまり広くしないので、ひんぱんに土をかきだすことがなく、ほりだした土は巣あなを出入りするうちにたいらになる。

巣あなを ほらないタヌキ

タヌキは、自分で巣あなをほらずに、ほかの生きものがつくった古巣を再利用することが多い。

アナグマがほった巣あなを、タヌキがつかっていたところ。

A ③ どろあびをした

どろあびは寄生虫を落とすため

イノシシはときどき、どろの上をころげまわって、どろあびをします。これは、体についた寄生虫を落としたり、体を冷やしたりするためです。どろあびをした場所のことを、「ぬた場」といいます。シカもどろあびをします。

どろあびをするイノシシ。

イノシシの「あしたく」

ほんものの3分の1の大きさ

前あし　うしろあし

つめが進化した「ひづめ」がある。ひづめはかたく、大きな体をささえて歩くのに適している。

イノシシってこんな生きもの

分類　ほ乳類　食べもの　木の実や木の根、タケノコ、ミミズ、コガネムシの幼虫など　すむ場所　里山の雑木林や山のなかなど　行動　おもに昼行性

イノシシが土をほりおこしたあと

　イノシシは、鼻で地面をほりかえして、植物の根やミミズなどの食べものをさがします。あたり一帯をごうかいにほりかえすのが特徴で、ときには大きな石をひっくりかえすこともあります。

イノシシが土をほりおこしたあと。

イノシシの巣

　イノシシは、歯でススキやササなどの植物をむしりとってしきつめ、巣をつくります。ひづめのある生きもので、巣をつくるのは、イノシシだけといわれています。

ススキをしきつめた巣でねむるイノシシの親子。

ひづめのある生きものの「わすれもの」

イノシシ、シカ、カモシカはいずれもひづめをもつ生きもの。これらの生きものの「わすれもの」を見てみましょう。

あしあと

イノシシ、シカ、カモシカのあしには、「しゅてい」という2つの大きなひづめと、「ふくてい」という2つの小さなひづめがある。シカとカモシカは、ふくていが地面からはなれているので、あしあとには、2つのひづめのあとしかのこらないことが多い。イノシシは、ふくていが地面に近いところにあるので、あしあとには、ひづめのあとが4つのこることが多い。

シカのあし。しゅてい／ふくてい

シカのあしあと。ひづめのあとが2つ。

雪の上にのこされたイノシシのあしあと。下の2つが、ふくていのあと。

シカ　カモシカ

けもの道にある「わすれもの」

「けもの道」は、生きものがよく通るところが、ふみかためられたり、草がかきわけられたりして、道のようになったところのこと。イノシシ、シカ、カモシカのけもの道では、毛やあしあと、うんちなどの「わすれもの」がよく見つかる。

イノシシの毛。かたく、えだわかれしていることがよくある。

シカの毛。かたくてゴワゴワしている。

カモシカの毛。ふわふわしていてやわらかい。

イノシシのけもの道。

A ②クマ

クマは木のぼりが得意

クマは大きな生きものですが、木のぼりが得意。木にのぼって前あしでえだをたぐりよせて折り、木の実を食べます。折ったえだをおしりの下にしいていくので、大きな鳥の巣のような「わすれもの」ができます。これは「クマだな」とよばれています*。

*これはツキノワグマの場合。北海道にいるヒグマも木にのぼって木の実を食べるが、大きな「クマだな」はつくらない。

⚠ もしクマの「わすれもの」を見かけたら、近くにクマがいる可能性があるので、すぐにその場をはなれよう。

人間をおそう？

クマは、シカなどの死体を食べることはあるが、みずから動物をおそうことはほとんどない。しかし、とつぜん人間に出くわすと、おどろいて自分の身を守ろうとして、人間をおそうこともある。クマがいる地域で森を歩くときは、鈴を身につけるなどしてつねに音を出して歩き、クマにあらかじめ人間の存在を知らせるといい。

人間がいることを音で伝えるための「クマ鈴」。

クマってこんな生きもの

分類 ほ乳類　**食べもの** 植物の葉やくき、木の実、果実、昆虫など　**すむ場所** 山のなか　**行動** おもに夜行性

※上の写真はツキノワグマ。ツキノワグマはむねに三日月形のもようがあることからこの名前がついた。

クマの「あしたく」

ほんものの5分の1の大きさ

前あし　うしろあし

指の上の黒い点はつめのあと。前あしよりうしろあしが大きい。

クマのあしあと

クマのあしあとは、人間のおとなの手のひらよりも大きく、5本の指のあとがくっきりのこります。歩きかたは内また（あしの先が内側に向く）なのが特徴です。

進んだ方向

林から出てきて、道路をわたったクマのあしあと。

「クマはぎ」

クマは、前あしと歯をつかって、木の皮を大きくはがすことがあります。これを「クマはぎ」とよびます。この行動には、皮の下のやわらかい部分を食べたり、なわばりをしめしたりする目的があるといわれています。

「クマはぎ」は、スギやヒノキで見られることが多い。

クマのうんち

クマのうんちはとても大きく、ときには20cm以上にもなります。「クマだな」のある木の下でよく見つかります。

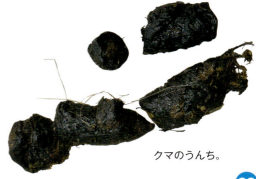

クマのうんち。

23

冬眠する生きもの

クマやリスのなかには、食べものが少ない冬をのりきるため、冬眠をするものがいます。

冬眠って？

冬眠とは、生きものが冬のあいだ、体温を下げて、活動しなくなることをいう。こうすることで、なるべくエネルギーをつかわずに、食べものが少ない冬を生きぬくことができる。冬眠した生きものは、あたたかくなるとふたたび動きだす。

クマの冬眠

ツキノワグマもヒグマも冬眠をする。春から秋はきまった巣をもたないが、冬は岩あなや木の根もとにできたあななどで冬眠をする。冬眠中、ねがえりやあくびをすることはあるが、ねむりつづける。

リスの冬眠

ニホンリス（→10ページ）やエゾリスは冬眠しないが、シマリスは冬眠する。地面に深さ1mくらいのあなをほり、丸くなってねむる。冬眠する前に木の実などの食べものをあなのなかにためこんでおき、冬眠中もときどき目をさまして食事をする。

ヒグマ

ヒグマが冬眠のためにつかっていたあな。

シマリス

シマリスが冬眠をするあな。冬眠をはじめるときに雪で入口をうめてしまう。

Q6 これはなんだろう？

①シカのうんち　②サルのうんち
③サルがつくったどろだんご

山の近くの道路わきで見つかるよ。

A ②サルのうんち

いも虫のような形

サルのうんちは、丸っこいうんちがいくつかつながった、いも虫のような形。植物のせんいや、果実の種、昆虫のざんがいなど、食べたものによって、いろいろなものがふくまれています。

サルのうんち。

サルが木の実を食べたあと

サルは木の上で食事をすることが多いため、食べたあとのものは、木の下によく落ちています。下の写真の木のえだは、サルがヤドリギ（→29ページ）の実を食べたあと。食べるものは季節によってさまざまです。

サルのうんち、おしっこ、ぬけた毛が、ヤドリギのえだのすぐ近くに落ちている。

サルってこんな生きもの

分類	ほ乳類
食べもの	植物の葉、木の実、果実、昆虫など
すむ場所	山のなか
行動	昼行性

※ 日本にすむのは、ニホンザルという種類。

サルの「あしたく」

ほんものの5分の1の大きさ

前あし　　うしろあし

人間とにていて、指もんもある。うしろあしは、人間とちがって親指がはなれている。

サルのあしあと

サルのあしあとは、人間の手の形ににています。サルはむれで生活するので、複数のサルのあしあとがまとまって見つかります。

複数のサルのあしあと。

森で見つかる鳥の「わすれもの」

森には、ほ乳類だけでなく、さまざまな種類の鳥もくらしています。鳥たちの「わすれもの」を見てみましょう。

木のみき

キツツキのなかまは、木のみきにくちばしであなをあけて巣をつくる。左はアカゲラというキツツキ。木くずが木の根もとにたくさん落ちていたら、見上げてみると巣が見つかるかもしれない。

木のみきにつくられたアカゲラの巣。

アカゲラの巣の下に落ちている木くず。

木の根もと

クマゲラが木にあけたあな。

クマゲラは、カラスほどの大きさの、キツツキのなかま。たおれた木や切りかぶをくちばしでほって大きなあなをあけ、なかにいるアリを食べる。

地面

地面に落ちていたカケスのつばさの羽。

木のえだ

モズは、昆虫やカエル、ミミズなどを食べる。とらえたえものを、木のえだなどにさしておく習性があり、これを「モズのはやにえ」という。

モズが木のえだにさしたバッタのなかま。

地面

ヒレンジャクという鳥は、ヤドリギの実をこのんで食べる。むれで行動するので、ヤドリギの種がまざったうんちがたくさん地面に見つかることがある。

ヒレンジャクのうんち。

うんちをするヒレンジャク。

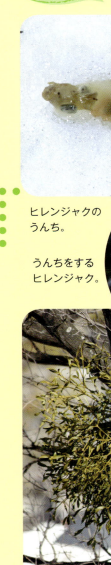

ヤマドリの尾羽。

地面

フクロウの羽。

ヤドリギは、ほかの木に寄生して栄養を得る植物。種をふくんだ鳥のうんちがほかの木にくっつくことで寄生し、芽を出す。

29

資料編

「わすれもの」をさがしにいくとき

生きものたちの「わすれもの」をさがしにいくときに、心がけたいことをしょうかいします。

服装

- ●ぼうしをかぶる。
  熱中症予防や、頭を守るため。

- ●長そで、長ズボンを着用する。
  虫さされや、草で手あしを切るなどしてけがをするのを防ぐため。

- ●黒や黄色の服装をさけ、目立つ色の服を着る。
  黒い服は、虫がよってきやすい上、万が一迷子になったとき、見つけてもらいづらい。黄色い服は目立つが、ハチがよってくる色なので、さけたほうがよい。

- ●はきなれたスニーカーや、トレッキングシューズ（山のぼり用のくつ）をはく。
  ぬれたところを歩く場合は、長ぐつ（すべりづらいもの）もよい。

- ●荷物はリュックにまとめる。
  両手を自由に動かせるようにしておくため。

もちもの

- ●かならずもっていくもの
  ・筆記用具
  ・ノート
  ・水とう
  ・ばんそうこうなどの救急用品や虫さされの薬
  ・軍手
  ・エネルギーをとるための、あめなどのちょっとした食べもの

- ●あるとよいもの
  ・デジタルカメラ
  ・じょうぎ
  ・そう眼鏡

  デジタルカメラは記録のため、じょうぎは「わすれもの」の大きさをはかるため、そう眼鏡は遠くのものを見るためにつかう。

注意すること

- ●ひとりでいかない
  森や水辺には、危険もある。かならずおとなといっしょにいくようにする。また、はじめは緑の多い公園や、河川じきなど、人気があるところからさがしはじめよう。

- ●ごみはもちかえる
  食べもののつつみ紙など、出かけているあいだに出たごみは、かならずもちかえってすてる。その場にすててしまうと、環境がよごれてしまうばかりか、生きものが食べものとまちがえてごみを食べ、死んでしまうこともある。

- ●生きもののじゃまをしない
  もし「わすれもの」をのこした生きものを見つけても、むやみにおいかけたり、つかまえたりしない。特に、子育て中の親は、こうげき的になっていたり、ストレスを感じて子育てをやめてしまったりすることがあるので、近づかない。

- ●記録をつけよう
  どこでどんな「わすれもの」を見つけたか、記録をつける。ひとつの「わすれもの」からでは、なんの生きものかわからなくても、ほかの「わすれもの」とあわせて考えると、わかることもある。

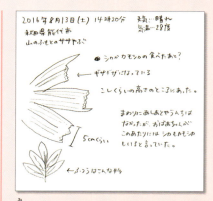

見つけた「わすれもの」をスケッチしたノート。見つけた場所や「わすれもの」の大きさなども書きこむ。

30

さくいん

あ行

アカゲラ……………………………28
あしあと……………………………
……5、6、8、11、15、20、23、27
あしたく……………11、19、23、27
アナグマ……………………………16
イタチ………………………………14
イノシシ…………17、18、19、20
ウサギ………5、6、7、8、11、14
うんち……7、14、20、23、26、29
エキノコックス症………………14
エゾリス……………………11、24
エビフライ…………………………10
おしっこ……………………………26

か行

カケス………………………………28
カモシカ……………………………7、20
木くず………………………………28
キツツキ……………………………28
キツネ………………8、14、15、16
木の皮………………7、8、11、23
木の実………………………………
……11、15、19、22、24、26、27
クマ……………………22、23、24
クマゲラ……………………………28
クマ鈴………………………………22
クマだな……………………22、23
クマはぎ……………………………23
クリ…………………………………12
クルミ………………………………12
毛………………………14、20、26
けもの道……………………………20

さ行

ササ……………………………7、19
サル……………………………26、27
シカ………………7、18、20、22
シマリス……………………11、24
しゅてい……………………………20
巣………………………11、19、24、28
巣あな………………………………16
スギの実……………………………10
ススキ………………………………19

た行

タカ…………………………………15
タヌキ………………………………16
食べあと……………………………7、12
昼行性………………………11、19、27
ツキノワグマ………………22、24
テン…………………………14、15
冬眠…………………………………24
どろあび……………………………18

な行

ニホンザル…………………………27
ニホンリス…………………11、24
ぬた場………………………………18
ネズミ………………………12、14、15
ノウサギ……………………………7

は行

羽……………………………15、28、29
ヒグマ………………………22、24
ひづめ………………………19、20
ヒレンジャク………………………29
ふくてい……………………………20
フクロウ……………………………29
古巣…………………………………16
ほ乳類……7、11、14、19、22、27

ま行

まつぼっくり………………………10
ムササビ……………………………12
モズ…………………………………29
モズのはやにえ……………………29
モモンガ……………………10、12

や行

夜行性………………7、10、14、22
ヤドリギ……………………26、29
ヤマドリ……………………………29
雪……………………8、11、15、20、24

ら行

リス………………9、10、11、12、24
りんぺん……………………………10

- **監修／小宮 輝之（こみや・てるゆき）**
  1947年東京都生まれ。1972年に多摩動物公園の飼育係になり、日本産動物や家畜を担当。多摩動物公園、上野動物園の飼育課長を経て、2004年から2011年まで上野動物園園長を務める。
  主な著書に『くらべてわかる哺乳類』（山と渓谷社）、『日本の野鳥』『ほんとのおおきさ・てがたあしがた図鑑』（いずれも学研）など、監修に『フィールド動物観察』（学研）など多数。長年、趣味として動物の足型の拓本「足拓（あしたく）」を収集している。写真はアフリカゾウの足拓をとっているところ。

- **編集・デザイン／こどもくらぶ**（中嶋舞子、原田莉佳、長江知子、矢野瑛子）
  「こどもくらぶ」は、あそび・教育・福祉分野で子どもに関する書籍を企画・編集しているエヌ・アンド・エス企画編集室の愛称。図書館用書籍として、毎年100タイトル以上を企画・編集している。主な作品に「五感をみがくあそびシリーズ」全5巻（農文協）、「海まるごと大研究」全5巻（講談社）、「めざせ！ 栽培名人 花と野菜の育てかた」全16巻（ポプラ社）など多数。

> この本の情報は、2016年8月までに調べたものです。今後変更になる可能性がありますので、ご了承ください。

- **企画・制作**
  （株）エヌ・アンド・エス企画

- **写真協力**
  小宮輝之、アマナイメージズ、飯島正広、安田守、清水海渡、矢澤ナーセリー、326／PIXTA

- **おもな参考文献**
  小宮輝之監修『ポケット版学研の図鑑9 フィールド動物観察』、小宮輝之監修著『増補改訂フィールドベスト図鑑11 日本の哺乳類』、小宮輝之監修著『増補改訂フィールドベスト図鑑8 日本の野鳥』（以上学研）／小宮輝之著『くらべてわかる哺乳類』（山と渓谷社）／小宮輝之著『哺乳類の足型・足跡ハンドブック』、熊谷さとし著・安田守写真『哺乳類のフィールドサイン観察ガイド』（以上文一総合出版）

クイズでさがそう！ 生きものたちのわすれもの ②森　　NDC481

2016年10月30日　第1刷発行

監　修	小宮輝之
編	こどもくらぶ
発行者	水野博文
発行所	株式会社 佼成出版社　〒166-8535　東京都杉並区和田2-7-1
	電話　03-5385-2323（販売）　03-5385-2324（編集）
印刷・製本	瞬報社写真印刷株式会社

©Kodomo Kurabu 2016. Printed in Japan
佼成出版社ホームページ　http://www.kosei-kodomonohon.com/

本書の複写、スキャン、デジタル化等の無断複製は著作権法上での例外を除き禁じられています。
本書を代行業者等の第三者に依頼してスキャンやデジタル化することは、たとえ個人や家庭内の利用であっても、著作権法上認められておりません。
落丁、乱丁がございましたらお取り替えいたします。定価はカバーに表示してあります。

32p 25cm×22cm
ISBN978-4-333-02741-5
C8345

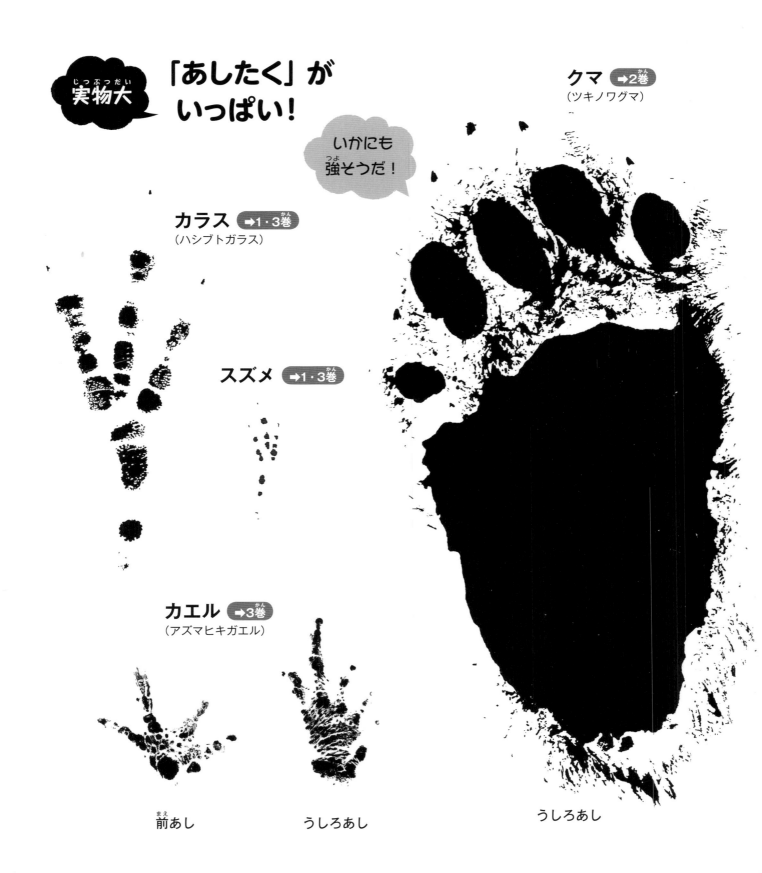